UNE HISTOIRE GÉNÉTIQUE :
NOTRE DIVERSITÉ, NOTRE ÉVOLUTION,
NOTRE ADAPTATION

Lluis Quintana-Murci
Chaire Génomique humaine et évolution

Une histoire génétique : notre diversité, notre évolution, notre adaptation

Collège de France / Fayard

ISBN : 978-2-213-71802-6
Dépôt légal : février 2021.

Leçon inaugurale
prononcée au Collège de France
le jeudi 6 février 2020

LEÇON INAUGURALE N° **295**

M. le Président de l'Académie des sciences,

Mme la Secrétaire perpétuelle de l'Académie des sciences,

MM. les Présidents et Directeurs généraux des organismes de recherche,

Monsieur l'Administrateur,

Chers collègues, chers amis,

Mesdames, Messieurs,

La question des origines de notre espèce, *Homo sapiens*, hante l'homme depuis son apparition sur Terre, et il cherche à y répondre par le biais de la religion, de la philosophie, de l'art, de l'histoire ou de la science. Quand et où les humains « anatomiquement » modernes sont-ils apparus? Comment notre espèce a-t-elle fait pour peupler tous les continents en un temps record de seulement 60 000 ans et s'adapter aux environnements si variés de notre planète? Les êtres humains d'aujourd'hui, en effet, se caractérisent par une grande diversité d'ordre culturel et biologique qui pourrait refléter, en tout cas en partie, les différents mécanismes mis en place pour s'adapter aux environnements très divers que ses ancêtres ont rencontrés lors de leur périple à travers le globe.

La diversité biologique chez l'être humain est immense : de notre apparence physique à nos capacités à digérer certains aliments, en passant par nos relations avec les pathogènes ou nos vulnérabilités à certaines maladies. Mais quels sont les origines et les facteurs qui façonnent cette diversité? Quelle est la contribution de l'environnement et de la génétique à la diversité phénotypique observée chez les humains d'aujourd'hui? Comment l'histoire démographique de notre espèce et la sélection naturelle façonnent-elles la diversité génétique des populations humaines? Ma leçon inaugurale a pour objet de montrer comment toutes ces questions sont abordées dans mes recherches sous l'angle de l'évolution et de la génomique humaine.

En faisant le choix de créer la chaire Génomique humaine et évolution, le Collège de France reconnaît l'importance de la génétique des populations, discipline que j'ai l'honneur de représenter aujourd'hui. Je ne méconnais pas l'ampleur de la tâche. En effet, cette chaire s'inscrit dans l'histoire d'une recherche et d'un enseignement au Collège de France situés au carrefour de disciplines aussi variées que la génétique, l'anthropologie, l'immunologie et la médecine. Celles-ci ont été représentées ici même, entre autres, par François Jacob, Jacques Monod, Pierre Chambon et Christine Petit pour la génétique ; Jacques Ruffié et Yves Coppens pour l'anthropologie ; ainsi que Jean Dausset, dont je vous reparlerai, pour l'immunologie et la médecine. Ces illustres scientifiques ont posé les fondements de ces disciplines, me permettant aujourd'hui d'en faire la synthèse.

Je suis particulièrement reconnaissant envers l'assemblée des professeurs d'avoir pris la décision de créer cette chaire. Je tiens tout particulièrement à remercier Alain Prochiantz d'avoir soutenu sa création et Alain Fischer de l'avoir si bien défendue. Je remercie également Hugues de Thé, Philippe Sansonetti et Jean-Pierre Changeux pour leurs conseils et leur soutien, ainsi que Vinciane Pirenne pour son aide précieuse quant à la qualité du français de cette leçon inaugurale.

La génétique des populations étudie des individus sains, non des individus malades ; elle étudie des populations humaines, des gens comme vous et moi, tous descendants des premiers hommes qui ont quitté l'Afrique, descendants de ceux qui ont survécu aux famines, descendants de ceux qui ont résisté à de nombreuses maladies, comme la tuberculose, la peste noire ou la grippe espagnole. L'étude de la diversité génétique de ces individus est au fondement de la génétique des populations. Et c'est une telle histoire, génétiquement ancrée et fondée sur la diversité biologique humaine, que nous souhaitons mettre au service de la connaissance de notre histoire, de notre évolution, de notre adaptation au milieu, voire de nos maladies.

Cette quête de la diversité, on la trouve précisément chez François Ier, qui fit venir Léonard de Vinci à sa cour, porteur des trois joyaux aujourd'hui exposés au Louvre : *La Vierge, l'Enfant Jésus et sainte Anne*, le *Saint Jean-Baptiste* et *La Joconde* (fig. 1). C'est aussi à François Ier, sensibilisé par sa sœur Marguerite de Navarre, que l'on doit le Collège de France. C'est toujours ce goût pour la diversité qui caractérise les principes guidant cette institution, l'ancien Collège royal, dont les lecteurs étaient chargés d'enseigner des disciplines jusqu'alors ignorées par l'Université de Paris comme le grec, l'hébreu ou la philosophie. La devise *docet omnia* traduit cette diversité, que Pierre Corvol, ancien administrateur du Collège de France, accentuait encore en affirmant : *docet omnes omnia* (il enseigne tout *à tous*).

Figure 1. Léonard de Vinci, *Sainte Anne, la Vierge et l'Enfant Jésus*, *Saint Jean-Baptiste* et *La Joconde*, XVIe siècle, huiles sur bois, musée du Louvre, département des peintures.

Darwin et Mendel : genèse de la génétique des populations

La chaire que j'ai l'honneur et le plaisir d'inaugurer réunit deux disciplines, la génétique et la biologie de l'évolution. Ces disciplines ont été fondées séparément, au milieu du XIXe siècle, par Gregor Mendel et Charles Darwin. Il aura fallu bien des décennies pour que les biologistes mettent en relation les principes de l'hérédité et les processus à la base de l'évolution. Dès l'Antiquité, pourtant, des penseurs auraient défendu l'idée qu'un organisme pût se transformer en un autre organisme : selon Anaximandre de Milet, les premiers animaux vivaient dans l'eau et les animaux terrestres en étaient issus ; d'après Empédocle, les êtres vivants n'avaient pas une origine surnaturelle. Cependant, le fait que des philosophes aussi influents que Platon et Aristote aient défendu l'origine divine des êtres vivants, et 2 000 ans de christianisme après eux, ont empêché l'émergence d'une pensée évolutionniste avant le début du XIXe siècle, en dépit de quelques avancées issues des penseurs des Lumières.

C'est en effet le Français Jean-Baptiste Lamarck qui, le premier, formule une théorie de l'évolution dans son livre *Philosophie zoologique*, théorie selon laquelle les organismes apparaissent de façon spontanée et évoluent vers une sorte de complexité supérieure sous la pression du milieu. Cependant, après le congrès de Vienne et sa mort en 1829, on ne parla plus d'évolution jusqu'à Charles Darwin. En 1859, craignant qu'Alfred Russel Wallace publie la même idée que lui, à savoir celle de l'évolution par sélection naturelle, Darwin fait paraître son chef-d'œuvre *L'Origine des espèces*. Il y développe la théorie qu'il appelle l'« adaptation au milieu » et y déploie l'extraordinaire intuition selon laquelle, si cette adaptation est héritée, la proportion d'individus qui survivent changera au cours des générations. Le succès est étourdissant : plus de 1 000 exemplaires sont vendus le premier jour. Les réactions violentes ne sont pas moins exceptionnelles, surtout de la part de l'Église anglicane. Darwin reconnaît les mérites de Wallace et, après la publication de son livre, il mène une vie solitaire dans le Kent, meurtri par les réactions et les polémiques qu'il a suscitées. Il s'éteint en 1882 à l'âge de 73 ans.

Mais c'est avec l'abbé tchèque Gregor Mendel, contemporain de Charles Darwin et père fondateur de la génétique, que le concept d'« héritabilité » pressenti par Darwin devient réalité, par la publication, en 1865, de ses travaux sur la transmission des caractères héréditaires. Dix ans d'expériences menées sur des milliers de petits pois ont donné lieu aux lois de Mendel, qui définissent la manière dont les gènes, qu'il appelle « facteurs », se transmettent de génération en génération. En 1889, le naturaliste hollandais Hugo de Vries propose le terme *pangène* pour désigner l'unité physique de transmission des caractères, et plus tard, au début du XXe siècle, le botaniste, physiologiste et généticien danois Wilhelm Johannsen introduit des termes comme *génétique* ou *gène*. Malheureusement, l'article fondateur de Mendel ne connut aucun succès, et Darwin ne le lut jamais ; le lien entre hérédité et évolution restait à faire.

La réconciliation entre darwinisme et mendélisme est initiée par de jeunes chercheurs de l'école biométricienne britannique de Francis Galton, comme Ronald Fisher, qui pose les bases de la génétique quantitative ; Sewal Wright, connu pour ses concepts de « paysage adaptatif » et de « dérive génétique »; et John Haldane, qui s'intéresse aux interactions entre sélection naturelle, mutation et flux génique. Tous les trois fondent ainsi la génétique des populations, discipline qui réunit la biologie de l'évolution et la génétique en un tout cohérent modélisé mathématiquement.

Même si Fisher, Wright et Haldane sont les fondateurs de la génétique théorique des populations, ce n'est qu'avec Ernst Mayr, Theodosius Dobzhansky et Julian Huxley qu'émerge un consensus interdisciplinaire, connu sous le nom de « théorie synthétique de l'évolution » – théorie néo-darwinienne fondée sur la sélection naturelle de variations aléatoires du génome. Cette théorie a permis d'asseoir la légitimité de la biologie de l'évolution : la sélection naturelle devient alors le seul mécanisme acceptable pour expliquer les changements évolutifs.

C'est avec l'arrivée de la biologie moléculaire, au milieu du XXe siècle, qu'émerge la compréhension de la nature du patrimoine héréditaire, c'est-à-dire de l'ADN. La découverte de la structure de la molécule en double hélice par Francis

Crick, Rosalind Franklin et James Watson est incontestablement une découverte majeure en biologie, qui donna à la communauté scientifique une des clés pour comprendre les secrets du vivant. Pionniers de la biologie moléculaire, les Français Jacques Monod et François Jacob, tous deux professeurs au Collège de France et lauréats – avec André Lwoff – du prix Nobel en 1965, forgent le concept d'« opéron », une unité composée de plusieurs gènes dont l'expression est régulée par un même promoteur, notion qui est également attribuée à ces deux savants français.

C'est grâce à toutes ces découvertes en biologie moléculaire et, plus généralement, en génétique, que le Japonais Motoo Kimura put combiner des approches théoriques avec des données empiriques, développant ainsi la théorie neutraliste de l'évolution (Kimura, 1968), théorie selon laquelle la plupart des changements évolutifs sont dus à la dérive génétique – à savoir un processus aléatoire indépendant de la sélection naturelle et des migrations. Toutefois, la théorie neutraliste fait référence à l'évolution à l'échelle moléculaire et Kimura lui-même reconnaissait que l'évolution phénotypique ne peut se faire sans l'action de la sélection naturelle.

SÉQUENÇAGE DU GÉNOME HUMAIN ET QUÊTE DE LA DIVERSITÉ

Les études en génétique se sont particulièrement développées avec l'arrivée des techniques de séquençage de l'ADN et, surtout, le séquençage du génome humain, qui fut achevé au début des années 2000. Cette séquence permit d'accéder à des connaissances-clés sur la structure et le contenu du génome. Nous savons aujourd'hui qu'il est composé d'environ 3,1 milliards de nucléotides et que chaque individu, à l'exception des jumeaux monozygotes, possède un génome qui lui est propre. Nous savons également que notre génome héberge environ 20 000 gènes qui codent des protéines, unités essentielles pour faire un être vivant, et que la majorité du génome (98 %) est non codant et impliqué en grande partie dans des fonctions régulatrices.

Néanmoins, le séquençage du génome humain n'a donné que très peu d'informations sur l'ampleur de la diversité génétique entre individus ou entre populations, puisqu'il s'agissait d'une seule séquence. C'est avec l'arrivée de nouvelles technologies génomiques, telles que les puces d'ADN et le séquençage de nouvelle génération, assortis de la diminution des coûts de séquençage, que l'étude de la diversité du génome humain est entrée dans son âge d'or. Plusieurs consortiums internationaux se sont organisés dans l'optique de caractériser la diversité génétique humaine dans son ensemble, facilitant ainsi les études en génétique des populations et en génétique médicale. Grâce à eux, nous savons aujourd'hui que chacun d'entre nous est porteur de 250 à 300 variants de perte de fonctions de gènes, ce qui soulève des questions sur les niveaux de redondance du génome (Auton *et al.*, 2015). Nous savons également que nous possédons tous de 50 à 100 mutations, heureusement à l'état hétérozygote, associées à des maladies génétiques.

Ces études génomiques ont également permis de mieux comprendre l'histoire démographique et adaptative des populations humaines, la façon dont nos ancêtres se seraient métissés avec d'autres formes humaines comme les Néandertaliens ou les Dénisoviens, et l'influence de la sélection naturelle sur notre génome (Fan *et al.*, 2016 ; Leonardi *et al.*, 2017 ; Nielsen *et al.*, 2017 ; Quach et Quintana-Murci, 2017 ; Skoglund et Mathieson, 2018 ; Vitti *et al.*, 2013). Ces études ont également fourni des connaissances inestimables pour l'interprétation clinique des variants génétiques identifiés sur des patients et pour la dissection de l'architecture génétique des caractères morphologiques et physiologiques.

C'est dans ce cadre que je tiens à rendre hommage à une initiative pionnière dans l'étude de la diversité génétique humaine : la fondation Jean Dausset-CEPH, Centre d'étude du polymorphisme humain. Moderne et visionnaire, Jean Dausset fut un grand scientifique et un grand médecin auquel je dois beaucoup. J'ai eu la chance et l'honneur de le connaître personnellement et de beaucoup apprendre de lui, lors de nos discussions à Majorque, sa terre d'accueil et mon île natale, ou dans son appartement parisien, situé juste en face de la cour d'honneur du Collège de France. Je ne l'oublie pas et je lui dédie cette leçon inaugurale avec toute mon affection.

C'est donc avec le soutien de Jean Dausset que Howard Cann, pédiatre américain et membre de la fondation, en collaboration avec Luigi Luca Cavalli-Sforza de l'université de Stanford, a mis en place un panel constitué de plus de mille lignées cellulaires immortalisées, issues d'individus provenant de cinquante-deux populations réparties dans le monde entier. Au cours des vingt-cinq dernières années et bien qu'il ait été sous-estimé au niveau national, le CEPH a acquis une réputation internationale de premier plan puisque son panel multiethnique a permis de caractériser la diversité génétique de notre espèce à une échelle sans précédent.

Migrations humaines et sélection naturelle

Les études en génomique humaine ont également mis au jour d'importantes informations sur les origines d'*Homo sapiens* et ses migrations. Grâce à la paléoanthropologie, nous savons aujourd'hui que nos ancêtres seraient apparus en Afrique il y a environ 200 000-300 000 ans, puis se seraient dispersés hors d'Afrique il y a environ 60 000 ans, colonisant rapidement l'Eurasie et l'Australie (Nielsen *et al.*, 2017). Les humains auraient ensuite atteint des destinations plus lointaines comme les Amériques, il y a environ 15 000 à 35 000 ans, puis les îles lointaines de l'Océanie, où ils se seraient installés il y a seulement 1 000 à 4 000 ans (fig. 2).

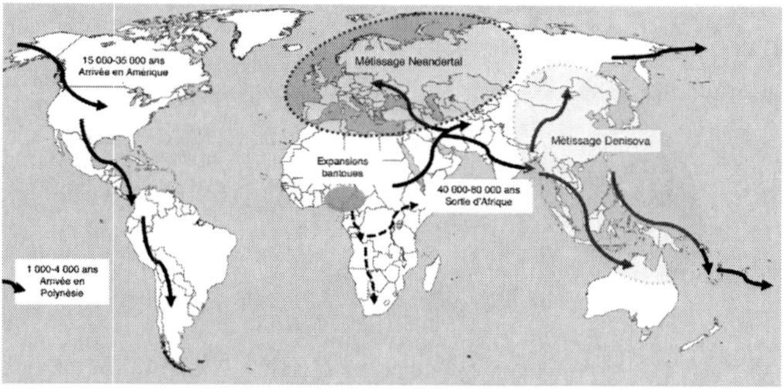

Figure 2. Les grandes migrations humaines à travers la planète : zones approximatives d'habitat des Néandertaliens et des Dénisoviens. Les expansions des peuples de langues bantoues, qui ont démarré il y a environ 4 000-5 000 ans, sont indiquées par des flèches sur le continent africain.

La génétique a également révélé d'importantes subdivisions de populations au sein des continents. En Afrique subsaharienne, la structure génétique des populations est corrélée à la géographie, à la répartition des familles linguistiques et aux modes de vie, alors qu'en Europe la diversité génétique est surtout liée à la géographie, détectable même au sein de toutes petites zones séparées d'environ 500 km (Novembre *et al.*, 2008).

Parallèlement à l'analyse de régions génomiques dites « neutres », qui nous renseignent sur notre démographie passée, la détection de signatures de sélection naturelle dans le génome permet de reconstituer notre histoire adaptative, à savoir la façon dont les humains se sont adaptés à leur environnement (Fan *et al.*, 2016 ; Jeong et Di Rienzo, 2014 ; Novembre et Di Rienzo, 2009). Bien que le façonnage de la diversité génétique au sein des populations s'explique surtout par la dérive génétique, la sélection naturelle influence également la diversité génétique et peut prendre des formes très variées (Vitti *et al.*, 2013).

Ainsi, la *sélection purifiante*, qui est la forme de sélection la plus répandue dans nos génomes, élimine les allèles délétères de la population, tandis que la *sélection positive* agit sur les mutations qui sont avantageuses pour notre survie, suivant différents modèles évolutifs. Selon le modèle du *balayage sélectif classique*, la sélection positive agit sur une mutation avantageuse nouvellement apparue, qui va dès lors augmenter en fréquence dans la population. La *sélection polygénique*, quant à elle, implique la sélection simultanée de plusieurs variants sur différents gènes, chacun apportant sa petite contribution à une meilleure adaptation. L'adaptation génétique peut également se faire par *sélection balancée*, qui préserve la diversité fonctionnelle par l'avantage à l'hétérozygote, la sélection fréquence-dépendante ou la pléiotropie. Chaque forme de sélection laisse des signatures moléculaires bien particulières autour de la région sélectionnée (Vitti *et al.*, 2013).

Des études récentes ont permis de mieux comprendre la façon dont l'histoire démographique d'une population affecte l'efficacité de la sélection purifiante (Henn *et al.*, 2015 ; Lohmueller, 2014). Les populations européennes, par exemple, ont une proportion de variants délétères supérieure à celle des populations africaines, un modèle cohérent avec une moindre purge des mutations délétères au sein de populations de plus petite taille, où les effets de la dérive génétique sont plus marqués. De même, les populations issues d'un effet fondateur, comme les Québécois, ou d'un goulot d'étranglement, comme les Finlandais, ont une proportion encore plus importante de variants délétères, y compris de ceux qui impliquent l'inactivation complète de certains gènes.

À l'inverse, la sélection positive nous renseigne sur le potentiel adaptatif de notre espèce (Fan *et al.*, 2016). Au cours de son long voyage à travers le globe, l'être humain s'est trouvé confronté à des conditions climatiques, nutritionnelles et pathogènes très diverses auxquelles il a dû s'adapter. Au cours de ces dernières années, l'étude de la sélection positive sur le génome s'est avérée cruciale dans l'identification des gènes responsables de la diversité morphologique et physiologique des populations. Parmi les cas les plus frappants de sélection positive figurent des variants dans le gène de la lactase (*LCT*), responsables de la capacité ou non à digérer le lait chez l'adulte (tolérance au lactose) (Tishkoff *et al.*, 2007). On peut également pointer des gènes impliqués dans la pigmentation de la peau, l'adaptation au froid, à la forêt tropicale ou à la vie en haute altitude dans des conditions d'hypoxie (à savoir le manque d'apport en oxygène au niveau des tissus de l'organisme) (Fan *et al.*, 2017). Comme nous le verrons par la suite, la sélection positive a également ciblé des gènes impliqués dans la réponse immunitaire et la résistance aux maladies infectieuses (Quach et Quintana-Murci, 2017 ; Quintana-Murci, 2019).

Une longue histoire de métissage archaïque et moderne

La possibilité de séquencer l'ADN provenant des fossiles a été une vraie révolution scientifique ces dix dernières années (Leonardi *et al.*, 2017 ; Skoglund et Mathieson, 2018 ; Stoneking et Krause, 2011). L'étude de l'ADN d'hominines tels que les Néandertaliens et les Dénisoviens, présents en Eurasie jusqu'à il y a environ 40 000 ans, a montré que notre espèce, *Homo sapiens*, est le résultat d'un métissage avec ces anciens humains (Racimo *et al.*, 2015) (fig. 2). Ce métissage, connu sous le nom d'*introgression archaïque*, s'observe dans le génome des populations humaines d'aujourd'hui ; à raison de 2 % pour l'héritage de Néandertal dans le génome des Eurasiens, et jusqu'à 5 % pour l'héritage dénisovien chez certaines populations d'Océanie (Sankararaman *et al.*, 2014). Dans la plupart des cas, il y a eu une forte sélection contre l'introgression archaïque, en particulier dans les gènes codant des protéines, probablement du fait de ses effets délétères chez les humains modernes. L'identification de régions du génome humain fortement dépourvues d'héritage archaïque permet d'identifier les fonctions qui auraient pu contribuer à la singularité de certains caractères d'*Homo sapiens*.

Toutefois, les humains modernes ont également acquis des allèles avantageux par ce métissage archaïque, par un processus dit d'*introgression adaptative*. Ainsi, certains variants du système immunitaire HLA (*human leukocyte antigen*, antigène des leucocytes humains), découvert par Jean Dausset et qui lui valut le prix Nobel de physiologie ou médecine en 1980, ont été acquis par métissage entre les premiers Eurasiens et les Néandertaliens (Abi-Rached *et al.*, 2011). Autre exemple de poids : le gène *EPAS1*, associé à la réponse à l'hypoxie, affiche une forte proportion d'héritage dénisovien chez les Tibétains, suggérant que cette population a acquis des allèles avantageux pour la vie en haute altitude grâce à ce métissage (Huerta-Sanchez *et al.*, 2014). Nos travaux les plus récentes montrent que le métissage aussi bien avec les Néandertaliens qu'avec les Dénisoviens aurait également permis à nos ancêtres de survivre mieux au fléau des maladies infectieuses (Quintana-Murci, 2019).

À la différence de l'introgression archaïque, le rôle du métissage entre populations modernes dans leur adaptation à l'environnement reste largement méconnu. L'étude de la variabilité du génome de plus de quatre-vingt-dix populations humaines a montré que le métissage est une caractéristique dominante dans notre espèce, chez nous tous (Hellenthal *et al.*, 2014). Parmi les exemples les plus notables de métissage entre peuples, citons ceux qui sont associés à l'expansion de l'Empire mongol en Eurasie ou à l'expansion bantoue en Afrique. Plus récemment encore, et pour des raisons malheureuses, on peut signaler le métissage entre colons européens et esclaves d'origine africaine donnant lieu aux Afro-Américains.

Des méthodes statistiques de pointe permettent aujourd'hui la décomposition du génome des populations métissées en segments d'ascendance parentale différente, ce qui à son tour facilite l'identification des variants génétiques associés au risque de développer certaines maladies.

Récemment, nous avons commencé à étudier la façon dont ce métissage moderne aurait apporté également des variants avantageux (Patin *et al.*, 2017). Ce modèle, que nous avons baptisé *métissage adaptatif*, n'avait pas encore été testé de manière systématique chez l'homme, alors qu'il pourrait représenter un atout majeur dans notre évolution. L'objectif est d'identifier des régions du génome qui, à la suite du métissage, présentent un excès d'héritage d'une population parentale, par rapport aux attendus génomiques.

L'HISTOIRE D'*HOMO SAPIENS* LUE PAR LA GÉNÉTIQUE

Au cours de ces vingt-cinq dernières années, l'élément fédérateur de mes recherches a été l'étude de la diversité génétique des populations humaines, que l'on peut décliner en trois grands axes : comprendre l'histoire démographique de notre espèce, comprendre l'histoire de l'adaptation des humains à leur milieu, en particulier au milieu microbien, et enfin, comprendre la nature des facteurs responsables de la variabilité de notre système immunitaire (Quach et Quintana-Murci, 2017 ; Quintana-Murci, 2016 ; Quintana-Murci, 2019). Pour cela, notre laboratoire Génétique évolutive humaine utilise les approches de la génétique moléculaire et de la génétique des populations en les combinant à des outils informatiques et au développement de nouvelles analyses statistiques.

À ce stade, je tiens à remercier les véritables acteurs de cette recherche, celles et ceux qui m'accompagnent depuis le début, celles et ceux qui sont arrivés plus récemment, en bref, toutes celles et tous ceux qui ont contribué ou contribuent encore à cette magnifique aventure d'équipe. C'est un privilège pour moi de pouvoir travailler avec de telles personnes. Je remercie également l'Institut Pasteur et le Centre national de la recherche scientifique (CNRS), pour leur bienveillance et de nous avoir encouragés et soutenus depuis le début, ainsi que les agences de financement et les fondations, avec un merci particulier à la Fondation pour la recherche médicale (FRM). Enfin, je réserve une mention spéciale à la personne qui, *de facto*, codirige le laboratoire avec moi, mon coéquipier Étienne Patin : un homme brillant, généreux, altruiste, qui place toujours la question scientifique à résoudre avant le reste.

Étude de l'histoire démographique des populations humaines

Venons-en maintenant au premier axe de cette recherche : l'estimation des paramètres démographiques qui caractérisent l'histoire des populations humaines et leurs migrations. Dans ce cadre, une source d'inspiration inépuisable fut la fréquentation de Luigi Luca Cavalli-Sforza, lorsque je réalisais mon doctorat en Italie dans les années 1990 (fig. 3). Professeur à l'université de Stanford, africaniste acharné et père indiscutable de la génétique des populations humaines moderne, il a créé une véritable école de pensée et partageait son temps entre les États-Unis et Pavie, où j'ai pu bénéficier de son savoir.

Figure 3. Portrait de Lluis Quintana-Murci et Luigi Luca Cavalli-Sforza, père de la génétique des populations moderne et auteur du livre *La Génétique des populations : histoire d'une découverte*, coécrit avec Francesco Cavalli-Sforza, Paris, Odile Jacob, 2008. Crédit : Franz Manni, fin des années 1990.

Puisque, à l'époque, nous ne pouvions pas travailler à l'échelle du génome entier, nous nous sommes penchés sur l'utilisation des marqueurs à hérédité monoparentale, l'ADN mitochondrial hérité par la mère et le chromosome Y hérité par le père. En utilisant l'ADN mitochondrial (ADNmt), nous avons apporté des preuves génétiques de la sortie d'Afrique de l'*Homo sapiens* il y a 60 000 ans, le long des côtes de l'Asie du Sud (Quintana-Murci *et al.*, 1999). Ce travail fondateur en phylogéographie des populations africaines fut au fondement de nombreuses autres études dans ce domaine. Par exemple, l'étude de l'ADNmt et du chromosome Y dans les populations résidant sur le plateau iranien et dans les plaines de l'Indus et du Gange nous a permis de montrer que cette région possédait une histoire génétique extrêmement complexe, comprenant des effets fondateurs, des événements de métissage sexuellement asymétriques et des vestiges de la traite d'esclaves de l'océan Indien (Quintana-Murci *et al.*, 2004). Des approches phylogéographiques similaires nous ont également amenés à mieux comprendre l'origine des Basques – une population de langue non indo-européenne considérée comme un isolat linguistique – et, plus généralement, le rôle du refuge franco-cantabrien dans le repeuplement postglaciaire de l'Europe. Même si la plupart de leur diversité génétique est partagée avec leurs voisins non bascophones, nos données ont soutenu l'hypothèse d'une continuité génétique partielle des Basques contemporains avec les habitants de la région franco-cantabrienne à la période du Paléolithique et du Mésolithique (Behar *et al.*, 2012).

Modes de vie, migrations et adaptation au milieu

Un des principaux centres d'intérêt de mon laboratoire a été d'étudier l'impact des modes de vie des populations sur leur diversité génétique. Au cours des 10 000 dernières années, sur différents continents, des communautés ont entamé une révolution technologique et culturelle sans précédent. Elles ont abandonné un mode de subsistance fondé sur la chasse et la cueillette pour développer l'agriculture et l'élevage (Diamond et Bellwood, 2003). Cette transition a permis d'augmenter la capacité biogénique de l'environnement des agriculteurs. Elle a également entraîné des modifications de l'environnement chimique, nutritionnel et pathogénique ; le développement de l'agriculture aurait, par exemple, facilité la transmission de certains agents infectieux, tandis que la domestication animale impliquait une exposition à de nouvelles zoonoses.

Dans ce contexte, l'Afrique centrale est un modèle d'étude particulièrement pertinent. D'une part, cette région a été le théâtre d'un des plus importants mouvements de populations dans l'histoire de l'Afrique. Il y a environ 4 000 ans, l'émergence de l'agriculture a marqué un tournant décisif dans cette région : maîtrisant cette nouvelle technologie qui leur permettait d'investir de nouveaux territoires, les peuples de langues bantoues ont progressivement étendu leur zone d'habitat et, au fil d'un périple de plusieurs millénaires, se sont installés dans toute l'Afrique subsaharienne (Phillipson, 1975). D'autre part, l'Afrique centrale héberge le groupe de chasseurs-cueilleurs actifs le plus nombreux au monde : les chasseurs-cueilleurs de la forêt, historiquement connus sous le nom de « Pygmées » (Cavalli-Sforza, 1986) (fig. 4). Non seulement ces deux groupes ont des modes de subsistance différents, mais ils se distinguent aussi par leur écotope et par leurs maladies.

Figure 4. Femme pygmée d'Ouganda, groupe éthnique Nsua du village Mulimassenge (district de Bundibugyo, Ouganda). Crédit : Paul Verdu, septembre 2007.

Durant ces quinze dernières années, et en étroite collaboration avec Paul Verdu et de nombreux chercheurs du musée de l'Homme, Antoine Gessain de l'Institut Pasteur et Jean-Marie Hombert de l'université de Lyon, nous avons beaucoup appris sur l'histoire de ces populations, qu'il s'agisse du temps de divergence de leurs ancêtres, de leur changement de taille au cours du temps et de l'histoire de leur métissage (Patin et Quintana-Murci, 2018). Par exemple, en utilisant des méthodes reposant sur le maximum de vraisemblance, nous avons déterminé que les ancêtres des agriculteurs et des Pygmées se seraient séparés il y a au moins 60 000 ans (Lopez *et al.*, 2018 ; Patin *et al.*, 2009). Nos études ont également montré que les ancêtres des populations pygmées sont passés par un goulot d'étranglement important et récent, il y a moins de 20 000 ans, alors que les ancêtres des populations d'agriculteurs sont entrés en expansion forte il y a au moins 8 000 ans (Patin *et al.*, 2014). Ces résultats soutiennent l'hypothèse selon laquelle les ancêtres des agriculteurs étaient déjà une population démographiquement florissante bien avant l'implantation de l'agriculture, il y a environ 4000 ans. Nos études ont ainsi remis en cause l'impact de l'agriculture sur l'histoire « néolithique » africaine : elle ne serait pas la cause directe du succès démographique des populations l'ayant adoptée (Patin *et al.*, 2014).

Mais quel impact ces différences démographiques ont-elles eu sur le nombre de mutations délétères portées par ces populations? En d'autres termes, quelle est leur influence sur le « fardeau génétique » de ces groupes? On s'attendrait en effet, par la dérive génétique, à ce que les Pygmées aient accumulé plus de mutations délétères que leurs voisins agriculteurs en expansion démographique. Cependant, nous avons pu montrer que les individus issus des deux populations portent en moyenne un nombre équivalent de variants délétères (Lopez *et al.*, 2018). Dès lors, le métissage récent entre les deux populations semble avoir homogénéisé les différences de leur fardeau génétique respectif. Il serait dès lors intéressant d'étudier l'impact de la migration sur le fardeau génétique, ce qui devrait permettre, à terme, de mieux comprendre l'architecture génétique des maladies humaines.

Nos études sur l'histoire génétique de l'Afrique se sont également penchées sur la reconstruction de l'histoire migratoire des peuples bantous (Patin *et al.*, 2017) (fig. 2), qui incluent actuellement plus de 300 millions de locuteurs. La question du chemin migratoire emprunté par ces peuples demeurait en suspens : alors qu'une première théorie, dite de « séparation précoce », affirmait que les Bantous, en quittant leur berceau originel, s'étaient scindés dès le départ en deux mouvements, vers l'est et le sud, l'hypothèse de « séparation tardive » suggérait, elle, que ces peuples avaient d'abord traversé la forêt équatoriale, avant de se diviser selon deux flux migratoires. Par une étude génomique portant sur plus de 2000 individus issus de cinquante populations d'Afrique subsaharienne, nous avons pu soutenir l'hypothèse de la séparation tardive : les Bantous auraient d'abord traversé la forêt équatoriale (Patin *et al.*, 2017).

Les populations bantoues, à mesure qu'elles colonisaient l'Afrique subsaharienne, se sont systématiquement métissées avec les populations autochtones, telles que les Pygmées en Afrique centrale, les populations pastoralistes en Afrique de l'Est, ou les chasseurs-cueilleurs Khoïsan du désert du Kalahari. Ces métissages semblent avoir été bénéfiques aux peuples bantous, leur permettant d'acquérir des mutations avantageuses qui ont facilité leur adaptation à de nouveaux habitats (Patin *et al.*, 2017). Nous avons ainsi mis en évidence deux exemples remarquables de métissage adaptatif : de leur métissage avec les Pygmées, les Bantous de l'ouest ont acquis de nouvelles formes du système immunitaire HLA, et de leur métissage avec les peuples pastoraux d'Éthiopie, les Bantous de l'est ont acquis une forme du gène de la lactase, permettant la digestion du lactose.

Mais nos travaux les plus récents, en collaboration avec Franck Prugnolle et François Renaud du CNRS de Montpellier, ont montré que ces métissages ont été également bénéfiques pour les Pygmées (Laval *et al.*, 2019). En effet, nous avons revisité un des cas de sélection balancée les plus emblématiques, à savoir la mutation *HbS* du gène de la β-globine en Afrique. À l'état hétérozygote, cette mutation augmente la protection contre le paludisme, même si à l'état homozygote elle est la cause de la drépanocytose. Puisque, en l'absence de paludisme, la mutation disparaîtrait en douze générations environ, l'étude de l'âge d'apparition de cette mutation devrait nous renseigner sur le temps d'apparition du paludisme. En utilisant des méthodes bayésiennes de pointe, nous avons montré que la mutation *HbS* est apparue chez les ancêtres des agriculteurs africains il y a plus de 20 000 ans, suggérant que ces populations ont été exposées au paludisme bien plus tôt qu'on ne le pensait. La mutation aurait été acquise ensuite, au cours des 6 000 dernières années, par les Pygmées *via* le métissage adaptatif.

Le paludisme a été une cause de mortalité majeure tout au long de notre histoire, engendrant ainsi une pression de sélection sans précédent. Dans le cadre du métissage, on a également discerné la nature adaptative de la mutation dite « nulle » dans le gène *DARC*, variant d'origine africaine et qui protège contre le paludisme à *Plasmodium vivax* (Laso-Jadart *et al.*, 2017). Cette mutation atteint 50 % de fréquence chez la population afro-pakistanaise des Makrani, alors que leurs génomes ne présentent, en moyenne, que 17 % d'origine africaine. Ces résultats indiqueraient que la mutation nulle a conféré un avantage sélectif fort aux Makrani, dans une région du Pakistan où *Plasmodium vivax* est endémique. Tous ces exemples soulignent une fois de plus l'importance du métissage comme véhicule d'adaptation génétique au milieu.

La diversité de mode de vie des populations d'Afrique s'accompagne d'une certaine diversité phénotypique, qui suggère une adaptation différente au milieu. En particulier, les Pygmées présentent une petite stature, qui a été considérée comme le résultat d'une adaptation à la vie en forêt. Afin d'identifier les gènes et les traits sous sélection chez les Pygmées, nous avons analysé un grand jeu de données génomiques provenant de différentes populations de Pygmées d'Afrique centrale (Lopez *et al.*, 2019). Un signal de sélection positive très fort et partagé par tous les groupes de Pygmées a été identifié au niveau d'un seul gène (*TRPS1*) impliqué dans différents traits morphologiques et immunitaires. Nos analyses ont également montré que les gènes associés à la taille présentaient un excès de signaux de sélection polygénique chez les Pygmées. Nous savons que ces gènes ont des effets pléiotropiques sur d'autres traits, comme la masse corporelle ou l'âge de maturité sexuelle. Nos résultats montrent toutefois que c'est précisément la taille, et non pas d'autres traits d'histoire de vie, qui est le phénotype sous sélection naturelle chez les Pygmées d'Afrique.

Réagir au milieu : l'épigénétique des populations humaines

Outre l'adaptation génétique, l'être humain, comme d'autres organismes, a d'autres moyens de réagir aux pressions environnementales. Parmi eux se trouvent les changements épigénétiques, c'est-à-dire « tout changement d'expression des gènes qui n'implique pas de changement dans la séquence de l'ADN », comme l'a défini notre collègue Edith Heard, spécialiste mondiale dans le domaine. En d'autres termes, le génome désigne l'ensemble du matériel portant l'information génétique (l'ADN chez l'être humain) tandis que l'épigénome désigne l'état épigénétique de la cellule, c'est-à-dire l'ensemble des acteurs non génétiques régulant l'expression des gènes.

La méthylation de l'ADN est peut-être la composante la mieux comprise de la machinerie épigénétique (Smith et Meissner, 2013). Même si la relation entre méthylation de l'ADN et expression des gènes est complexe, on peut dire qu'il existe globalement une corrélation négative entre les deux : plus le promoteur d'un gène est méthylé, moins le gène est exprimé.

Mais quels sont les facteurs qui affectent la méthylation de l'ADN? D'une part, la méthylation peut être altérée par des variations de séquence d'ADN, ce qui revient à dire qu'elle dépend, en partie, de la génétique elle-même. Mais, d'autre part, des facteurs environnementaux peuvent avoir un impact important sur la variabilité des profils de méthylation. L'exposition au soleil, le tabagisme, la nutrition, certains traitements thérapeutiques, le stress ou même l'environnement social peuvent affecter nos profils de méthylation et ainsi l'expression de nos gènes. Par exemple, deux jumeaux partagent exactement le même génome, mais leur épigénome va se différencier de plus en plus au cours de leur vie en fonction de l'exposition à l'environnement ou simplement du vécu.

Nous avons montré, par exemple, qu'il peut y avoir bel et bien une différence importante entre populations humaines au niveau de leur épigénome (Husquin *et al.*, 2018). La diversité des profils épigénétiques pourrait ainsi expliquer une part importante des variations phénotypiques humaines.

Afin de comprendre l'impact du mode de vie et de l'habitat sur la variabilité de la méthylation de l'ADN chez l'être humain, l'Afrique centrale constitue, à nouveau, un terrain idéal d'étude dans la mesure où elle abrite des populations qui diffèrent par leur habitat (forêt ou aires urbaines et rurales) et leur mode de vie (chasseurs-cueilleurs ou agriculteurs). Nos travaux indiquent que les fonctions immunitaires sont particulièrement affectées par des changements d'habitat, comme le montrent les épigénomes des populations forestières et urbaines (Fagny *et al.*, 2015). *A contrario*, à habitat constant, ce sont les processus développementaux qui sont les plus affectés, comme en témoignent les différences épigénétiques entre agriculteurs et chasseurs-cueilleurs. Il s'avère que ces différences sont dues en grande partie à des variants génétiques, dont beaucoup évoluent sous sélection naturelle. Ces résultats suggèrent ainsi que les populations humaines peuvent répondre « épigénétiquement » à des changements environnementaux, témoignant d'une certaine plasticité phénotypique. Cependant, au fil du temps, des changements génétiques peuvent apparaître et stabiliser les phénotypes permettant une adaptation au milieu plus pérenne.

En effet, dans le contexte de l'adaptation génétique à l'environnement, l'une de nos découvertes majeures a été de montrer que la sélection positive darwinienne a augmenté les différences entre populations humaines (Barreiro *et al.*, 2008), ayant comme cible principale des variants génétiques altérant la séquence protéique ou localisés dans des régions régulatrices. Nous avons ainsi identifié des gènes qui ont très vraisemblablement participé à la différentiation des grands groupes populationnels, en Afrique, en Europe et en Asie. Ces gènes sont impliqués dans des traits phénotypiques variables entre populations, tels que la pigmentation de la peau, le syndrome métabolique (hypertension, obésité et diabètes) ou la réponse immunitaire.

Des humains et des microbes : une relation à double tranchant

Le lien entre sélection naturelle, réponse immunitaire et maladies infectieuses a formé le deuxième grand axe de nos recherches. Êtres humains et microbes entretiennent depuis longtemps une relation permanente et à double tranchant (Siddle et Quintana-Murci, 2014). Ils se complètent et se maintiennent dans un état d'homéostasie, comme dans le microbiote par exemple, mais il arrive que des micro-organismes soient pathogènes, provoquant ainsi des maladies. Tout comme les famines et les guerres ont continuellement fait peser sur les humains un lourd fardeau de mortalité, la menace des infections pathogènes a eu une incidence majeure. Des maladies anciennes, telles que le paludisme ou la tuberculose, ou des maladies plus récentes comme la peste noire ou la grippe espagnole, ont décimé des millions d'êtres humains au cours de l'histoire.

Les taux de mortalité par infection sont restés très élevés jusqu'à la fin du XIXe siècle, une période qui a vu s'améliorer les conditions d'hygiène et apparaître les vaccins et les antibiotiques (Cairns, 1997 ; Casanova et Abel, 2005). À la fin du XIXe siècle par exemple, seuls 35 % des Européens atteignaient l'âge de 40 ans, illustrant ainsi le lourd fardeau infectieux et la dure loi qui avait prévalu jusque-là dans l'histoire de notre espèce. Même Louis Pasteur, père de la théorie microbienne, a perdu trois de ses filles, chacune atteinte de ce qu'on appelait à l'époque « la fièvre ». Rétrospectivement, il est clair qu'elles sont mortes d'une maladie infectieuse (fig. 5). Cette illustre famille est représentative de la plupart des familles de l'époque : il n'était pas rare qu'au moins la moitié des frères et sœurs d'une fratrie meure d'une infection. La question qui émerge face à cette distinction est : pourquoi cette moitié-là ? Dans la famille de Pasteur, un fils et une de ses filles ont survécu jusqu'à l'âge adulte, bien qu'ils aient été probablement exposés à au moins l'un des microbes ayant tué leurs sœurs. Il est donc possible que les trois filles décédées aient été porteuses d'une forme de vulnérabilité génétique les prédisposant aux maladies infectieuses.

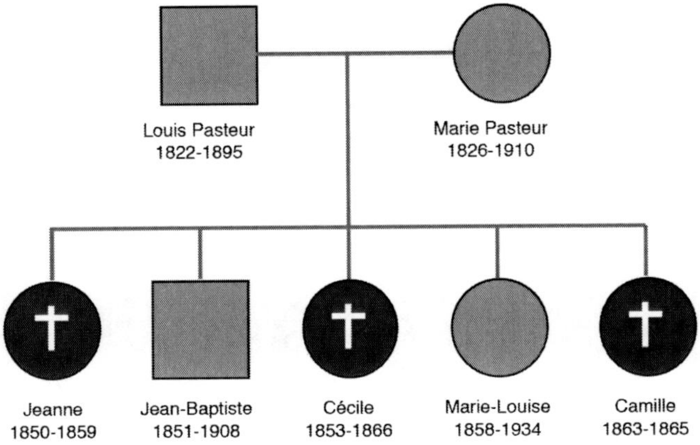

Figure 5. Pedigree de la famille de Louis Pasteur. Louis Pasteur, père de la théorie microbienne, a perdu trois filles à cause de la « fièvre ». Rétrospectivement, il est possible qu'elles aient été porteuses d'une forme de vulnérabilité génétique les prédisposant aux maladies infectieuses.

Les premiers à établir un lien de cause à effet entre mortalité, maladies infectieuses et sélection naturelle furent John B. S. Haldane et Anthony Allison dans les années 1950. Ils firent l'hypothèse que les troubles des globules rouges – thalassémie ou drépanocytose – pouvaient protéger contre le paludisme (Allison, 1954 ; Haldane, 1949). Depuis ces premiers travaux, un nombre de plus en plus important d'études en génétique des populations a montré que les gènes impliqués dans la fonction immunitaire présentaient les plus fortes signatures de sélection naturelle du génome, soulignant ainsi le rôle majeur joué par les agents pathogènes dans l'évolution de notre espèce.

C'est avec ces questions en tête qu'il y a environ quinze ans, par l'intermédiaire de Philippe Kourilsky, professeur au Collège de France et, à l'époque, directeur de l'Institut Pasteur, j'ai eu la chance de faire la connaissance de Jean-Laurent Casanova et de Laurent Abel. Ensemble, nous avons inauguré une nouvelle méthode multidisciplinaire pour appréhender l'étude de l'infection en intégrant génétique clinique, génétique épidémiologique et génétique évolutive (Alcais *et al.*, 2010; Casanova *et al.*, 2013; Quintana-Murci, 2016; Quintana-Murci, 2019). La détection des signatures moléculaires de la sélection dans des gènes impliqués dans la réponse immunitaire, ou l'absence de telles signatures (neutralité), combinée à des études cliniques et épidémiologiques, nous ont ainsi permis d'évaluer la pertinence biologique des gènes correspondants *in natura* et de déterminer s'ils étaient essentiels, redondants ou adaptables (fig. 6).

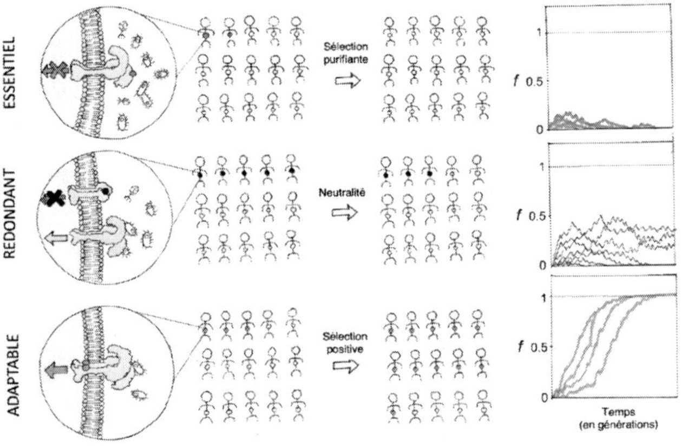

Figure 6. Sélection naturelle et pertinence biologique des gènes de l'immunité. Dans les gènes essentiels, les mutations accumulées sont purgées de la population par sélection purifiante et ainsi leurs fréquences (*f*) restent faibles dans la population générale. Les gènes redondants peuvent accumuler des mutations qui restent à des fréquences non négligeables dans la population car ils évoluent sous neutralité. Enfin, des mutations dans les gènes dits « adaptables » peuvent augmenter en fréquence dans la population car elles confèrent un avantage évolutif pour une meilleure survie face aux agents infectieux. Crédit : Étienne Patin.

Sélection naturelle, immunité innée et dommages collatéraux

L'un de nos principaux centres d'intérêts a été d'étudier l'évolution des gènes de l'immunité innée, à savoir la première ligne de défense de l'hôte contre les pathogènes (Barreiro et Quintana-Murci, 2010 ; Quintana-Murci et Clark, 2013). Ces études nous ont permis d'établir un modèle hiérarchique des différentes familles de récepteurs microbiens en fonction de leur pertinence biologique dans les processus de défense (Barreiro *et al.*, 2009 ; Quintana-Murci et Clark, 2013 ; Vasseur *et al.*, 2012) (fig. 6). La preuve que les gènes soumis à une sélection purifiante forte, donc des gènes essentiels, sont impliqués dans des maladies est le fait que des mutations sur certains de ces gènes, comme les récepteurs Toll (TLRs) dans les endosomes ou l'interféron gamma, ont été associées à des phénotypes sévères, tels que l'encéphalite herpétique, les infections bactériennes pyogéniques ou la susceptibilité mendélienne aux maladies mycobactériennes.

La redondance forte ou complète d'un gène peut également être déduite des données de la génétique des populations (Barreiro *et al.*, 2009 ; Quintana-Murci et Clark, 2013). Par exemple, nous avons discerné une redondance forte pour le récepteur TLR5, dont un variant de perte de fonction atteint, dans la population générale, des fréquences élevées d'environ 10 % en Europe et de 30 % en Afrique du Nord. Ceci montre que la fonction du récepteur TLR5, qui est la reconnaissance des bactéries flagellées, est une fonction redondante, puisqu'en l'absence de ce récepteur, d'autres molécules assureront la même fonction. Dans de rares cas, la perte de fonction peut non seulement être tolérée, mais aussi s'avérer bénéfique. Cette situation a été constatée pour des variants de gènes *CASP12*, *DARC* ou *FUT2*, qui ont augmenté en fréquence dans la population puisqu'ils confèrent respectivement une protection contre la septicémie, le paludisme et les infections à norovirus.

Les mutations qui améliorent l'efficacité de la réponse immunitaire peuvent, dans certains cas, augmenter rapidement en fréquence dans une population donnée par sélection positive. Nous avons par exemple identifié des mutations dans les interférons (IFNs) de type III, molécules impliquées dans les réponses de l'hôte contre les virus, qui montrent des signaux de sélection positive très forte en Europe et en Asie (Manry *et al.*, 2011). À l'échelle plus générale du système d'immunité innée, nous avons détecté plus de 50 gènes présentant des signaux de sélection positive forts dans différentes populations humaines. En outre, ces phénomènes de sélection se sont sans doute produits au cours des 6 000 à 13 000 dernières années (Deschamps *et al.*, 2016), ce qui correspond encore une fois à la période de transition d'un mode de vie de chasseur-cueilleur à un mode de vie lié à l'agriculture.

Toutefois, l'adaptation aux agents pathogènes peut parfois entraîner des dommages collatéraux. Dans un certain nombre de cas, les allèles sélectionnés positivement ne confèrent pas de protection, comme on s'y attendrait, mais sont associés à une susceptibilité plus importante à certaines maladies, comme la maladie de Crohn, le diabète de type 1 ou la maladie céliaque (Barreiro et Quintana-Murci, 2010 ; Brinkworth et Barreiro, 2014 ; Fagny *et al.*, 2014). Ces données appuient ainsi la théorie hygiéniste, chère à Jean-François Bach, immunologiste à l'hôpital Necker et membre de l'Académie des sciences (Bach, 2002; Strachan, 1989). Cette hypothèse est une théorie selon laquelle, après un changement environnemental, certaines mutations qui étaient avantageuses par le passé et permettaient de combattre l'infection, seraient aujourd'hui responsables, dans les pays industrialisés où l'exposition aux infections est moindre, de la susceptibilité plus importante aux maladies auto-immunes, inflammatoires ou allergiques.

Héritage néandertalien et réponses antivirales

Nos travaux sur l'évolution de l'immunité ont également montré que le métissage entre les Néandertaliens et nos ancêtres a introduit des variants génétiques chez ces derniers qui ont renforcé leur capacité à se prémunir contre les infections. Le premier lien entre introgression archaïque et immunité a été identifié dans la région *HLA* par l'équipe de Peter Parham à l'université de Stanford (Abi-Rached *et al.*, 2011). Depuis cette étude pionnière, le nombre de gènes liés à l'immunité pour lesquels l'introgression archaïque s'est avérée bénéfique n'a cessé d'augmenter (Dannemann et Racimo,

2018; Quintana-Murci, 2019; Racimo *et al.*, 2015). Par exemple, nos travaux ont montré que les niveaux d'héritage néandertalien sont particulièrement élevés pour les gènes de l'immunité innée (Deschamps *et al.*, 2016). En effet, nous avons détecté une très forte signature des effets bénéfiques de l'introgression néandertalienne pour les récepteurs TLR6-1-10, molécules impliquées dans la reconnaissance des microbes à la surface des cellules.

Certains de ces segments d'ADN archaïque ont également un impact sur l'expression génique. Par exemple, nos travaux les plus récents montrent que les variants régulateurs de l'expression génique dans les monocytes – un type cellulaire majeur de l'immunité innée – sont enrichis en héritage néandertalien, tout particulièrement ceux qui sont associés à la réponse antivirale (Quach *et al.*, 2016). Ce lien entre introgression néandertalienne et réponse antivirale est soutenu par une étude encore plus récente démontrant que les segments néandertaliens sont enrichis en gènes codant des protéines qui interagissent avec les virus, en particulier les virus à ARN, comme les virus de la grippe ou du COVID-19 (Enard et Petrov, 2018).

En outre, l'introgression néandertalienne a tout particulièrement affecté des régions régulatrices distales, les amplificateurs (*enhancers*), qui sont actifs dans les tissus adipeux et les cellules T du système immunitaire (Silvert *et al.*, 2019). D'une manière générale, toutes ces études soulignent le potentiel adaptatif du métissage avec d'autres hominines, qui se sont eux aussi adaptés à leur environnement, et révèlent que l'homme de Néandertal a en effet transmis aux Européens des mutations-clés pour le contrôle de la réponse immunitaire.

Immunologie, génétique humaine et médecine de précision

Le troisième axe de nos recherches, initié au début des années 2010, concerne le lien entre immunologie humaine, génétique et médecine de précision. Nous visons à mieux comprendre la façon dont la diversité génétique, d'une part, mais aussi des facteurs non génétiques, comme le sexe, l'âge, la nutrition, le microbiote, les facteurs épigénétiques ou le mode de vie, d'autre part, peuvent altérer nos réponses immunitaires (fig. 7). Ces informations pourraient, à terme, nous donner des pistes pour des traitements mieux adaptés aux individus, en étant plus efficaces et en présentant moins d'effets secondaires.

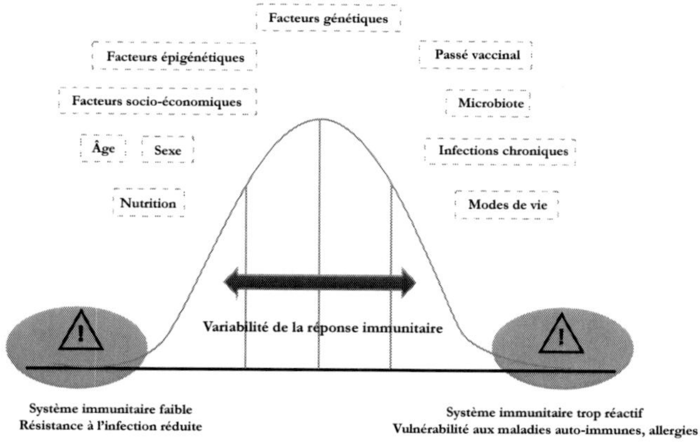

Figure 7. Étude d'immunologie de systèmes. Différents facteurs – héritables et non héritables – contribuent à la diversité de la réponse immunitaire, entre individus et populations humaines. Certains de ces facteurs peuvent conduire à une réponse immunitaire trop faible, responsable d'une moindre protection contre les infections. *A contrario*, une réponse immunitaire trop réactive protège contre les infections, mais peut conduire à un risque accru de développer des maladies auto-immunes, inflammatoires ou allergiques.

L'étude de l'architecture génétique de l'expression génique, *via* la caractérisation des *locus* de caractères quantitatifs d'expression (eQTLs), a révélé toute sa valeur pour établir des liens entre diversité génétique, phénotypes intermédiaires tels que l'expression des gènes, et phénotypes ultimes tels que la susceptibilité à l'infection (Dermitzakis, 2012 ; Fairfax et Knight, 2014). Depuis quelques années, nous avons démarré plusieurs projets autour de l'utilisation de données d'expression, qu'il s'agisse des gènes codant des protéines ou des petits ARN régulateurs, combinées à un modèle d'activation immunitaire, comme l'infection des cellules par des agents infectieux tels que le bacille de la tuberculose ou le virus de la grippe (Quach *et al.*, 2016 ; Rotival *et al.*, 2019 ; Siddle *et al.*, 2014 ; Siddle *et al.*, 2015). Ces études nous aideront, à terme, à mieux comprendre comment les phénotypes immunitaires contribuent à l'adaptation de notre espèce aux pressions exercées par les pathogènes.

Par exemple, nous avons caractérisé les réponses transcriptionnelles de monocytes à différents *stimuli* bactériens et viraux chez des individus d'origine africaine et européenne, tous habitant en Belgique, afin d'homogénéiser au mieux l'exposition à l'environnement (Quach *et al.*, 2016). Nous avons montré qu'il existe bel et bien une différence populationnelle face à l'infection : Africains et Européens diffèrent dans la magnitude et l'ampleur de leur réponse immunitaire, notamment pour certains gènes impliqués dans les réponses inflammatoire et antivirale. Ces différences sont en grande partie dues à des mutations génétiques qui modulent l'expression génique et qui sont différemment distribuées entre les deux populations. Ces travaux ont également montré que la sélection naturelle aurait favorisé certaines de ces mutations, menant chacune de ces populations à une meilleure adaptation. D'une façon intéressante, selon des processus indépendants, la sélection a abouti chez les Africains et les Européens à un même résultat : diminuer la réponse inflammatoire. Cet exemple d'évolution dite « convergente » vient confirmer qu'une réponse immunitaire trop forte, comme dans le cas des maladies auto-immunes ou des allergies, est à éviter, même si elle protège efficacement des infections.

Dans un cadre plus général, identifier les différents facteurs – génétiques et non génétiques – à l'origine de la variabilité du système immunitaire est l'objectif du laboratoire d'excellence « Milieu intérieur » que je coordonne, depuis 2011, avec Matthew Albert, d'abord, puis avec Darragh Duffy (Thomas *et al.*, 2015). Ce projet réunit l'expertise multidisciplinaire de chercheurs dans les domaines de l'immunologie, de la génétique humaine et de la génétique quantitative, de la microbiologie et de la biologie computationnelle. Il doit son nom au concept de « milieu intérieur » développé par le physiologiste et fondateur de la médecine expérimentale Claude Bernard, selon lequel le milieu intérieur – c'est-à-dire les principaux fluides internes essentiels pour le vivant – régit les principes mêmes de la vie. L'objectif de ce projet est d'établir les paramètres qui caractérisent le système immunitaire des individus en bonne santé, ce qui ouvrira la voie à une médecine de précision.

Pour cela, nous avons recruté une cohorte de 1 000 individus sains, qui inclut 500 femmes et 500 hommes, stratifiés par classes d'âge entre 20 et 70 ans (Thomas *et al.*, 2015). Au cours des dernières années, nous avons obtenu un grand nombre de phénotypes immunitaires, incluant la caractérisation des proportions de cellules immunitaires dans le sang, l'expression génique et protéique de centaines de gènes après stimulation par une trentaine de *stimuli* immunitaires, et la caractérisation du microbiote fécal et nasal (Duffy *et al.*, 2014 ; Patin *et al.*, 2018 ; Piasecka *et al.*, 2018 ; Scepanovic *et al.*, 2019 ; Urrutia *et al.*, 2016). En outre, de nombreux marqueurs de santé, sérologies d'infections chroniques (CMV, EBV, grippe, *Helicobacter pylori*, toxoplasmose, etc.), historique vaccinal et médical, variables socio-économiques ainsi que variables portant sur les habitudes de vie des participants ont été obtenues, comme leur régime nutritionnel, leur éventuel tabagisme, la pratique du sport, la qualité du sommeil, etc. (Thomas *et al.*, 2015).

Voici deux exemples de ces travaux. Nous nous sommes concentrés en premier lieu sur l'étude des facteurs responsables de la variabilité des types cellulaires circulant dans le sang (Patin *et al.*, 2018). Nous avons donc mesuré par cytométrie de flux un grand nombre d'immuno-phénotypes. Sur les 140 variables testées pouvant expliquer la variabilité des cellules immunitaires dans notre sang, seules cinq ont un véritable impact : la génétique de l'hôte, l'infection chronique par le cytomégalovirus, le tabagisme, l'âge et le sexe. En second lieu, nous avons montré que les facteurs génétiques influençaient la variabilité de la plupart des populations cellulaires du système immunitaire inné, tandis que des facteurs non génétiques affectaient la variabilité cellulaire du système immunitaire adaptatif.

Par la suite, nous nous sommes intéressés aux facteurs régissant la variabilité de la réponse immunitaire à certains agents infectieux, comme les bactéries *Escherichia coli*, le staphylocoque doré et le BCG (ce dernier étant souvent utilisé comme vaccin contre la tuberculose), le virus de la grippe ou le champignon *Candida albicans* (Piasecka *et al.*, 2018). Notre étude sur les 1000 individus a révélé qu'environ 10% de la variance de la réponse immunitaire s'expliquait par les effets cumulatifs de la génétique, tandis que le sexe et l'âge intervenaient à raison d'environ 5% de la variance totale.

Même si nous comprenons de mieux en mieux les sources génétiques, intrinsèques ou environnementales, de la diversité de la réponse immunitaire, une part importante de la variance immunitaire interindividuelle demeure encore inexpliquée. D'autres recherches sont dès lors nécessaires, qui prendront en compte des formes plus complexes de contrôle génétique, comme le rôle des interactions épistatiques ou des variants rares, des interactions avec l'âge et le sexe, et l'impact de l'environnement sur l'expression des gènes, le tout en utilisant des techniques de pointe telles que le séquençage de cellule unique.

L'avenir de la biologie de l'évolution : une ode à la diversité

Pour conclure, Mesdames et Messieurs, les approches génomiques, combinées aux principes et aux modèles développés en génétique des populations, nous ont permis d'identifier des fonctions immunitaires-clés et de les distinguer d'autres fonctions dotées d'un niveau de redondance immunologique plus important. Des gènes dont la variation a été bénéfique pour la survie de notre espèce ont également été identifiés, certaines mutations ayant été acquises aussi bien par métissage avec d'anciens humains que par métissage entre populations modernes. Néanmoins, il reste bien des liens à explorer entre génétique des populations et évolution, d'une part, et immunologie humaine, d'autre part. C'est le cas non seulement des effets de la sélection naturelle à différentes époques sur les phénotypes immunitaires et le risque de maladies, mais aussi de la façon dont la sélection opérée jadis contre l'infection peut, après des changements environnementaux ou de modes de vie, conduire à une adaptation déficiente et, en conséquence, à une pathologie.

L'étude d'échantillons d'ADN d'anciens humains correspondant à des points sur l'échelle temporelle avant ou après des événements majeurs, tels que la transition vers des modes de vie plus sédentaires basés sur l'agriculture, ou encore les épidémies qui, comme la peste, ont fait disparaître des millions de personnes au cours du dernier millénaire, pourraient nous aider à mieux comprendre les facteurs à l'origine de la sensibilité aux maladies infectieuses. De nouvelles méthodes statistiques sont également à mettre au point pour identifier des formes de sélection naturelle plus subtiles, comme la sélection polygénique, voire l'introgression polygénique, dont la détection reste encore précaire.

Enfin, soulignons que la plupart des études portent sur de grandes populations continentales. À titre de comparaison, notons que les populations d'origine européenne ne représentent que 16 % des habitants de la planète, alors qu'elles constituent plus de 78 % des catégories prises en compte dans les études génétiques (Sirugo *et al.*, 2019). Pour des raisons aussi bien scientifiques que sociétales, il est donc temps d'inclure dans ces études génomiques un plus grand nombre de populations d'ascendance non européenne, en particulier des populations dites « négligées », afin d'améliorer la représentation de la diversité génétique humaine dans son ensemble. Ces efforts multidisciplinaires, incluant des approches fondées sur la génétique des populations, la génomique fonctionnelle ainsi que l'épidémiologie génétique, sont nécessaires pour éclairer le lien entre histoire migratoire, sélection naturelle, facteurs culturels et maladies.

Mais il est temps à présent de revenir sur la notion de diversité. La notion de diversité me fascine depuis l'enfance. Je suis un Parisien, mais aussi un Catalan, un Espagnol, un Français, et surtout un Européen. Cet attrait pour la multiplicité des langues, des cultures et des individus m'a conduit vers la génétique des populations, une discipline qui est une ode à la pluralité, au voyage et à la diversité. C'est la diversité, et elle seule, en fait, qui est le moteur de l'évolution et le fondement de l'adaptation de notre espèce aux changements environnementaux. Comme j'espère vous l'avoir montré au cours de cette leçon inaugurale, et comme je l'approfondirai tout au long de mes cours, l'étude de la diversité génétique permet de répondre à des questions capitales en biologie de l'évolution, des questions qui ont des répercussions majeures sur la santé humaine.

S'il y a quelque mérite dans notre approche expérimentale, c'est celui de chercher à dévoiler l'expérience la plus imposante et la plus immédiate qui existe : celle de la nature.

Bibliographie

Abi-Rached L., Jobin M.J., Kulkarni S., McWhinnie A., Dalva K., Gragert L., Babrzadeh F., Gharizadeh B., Luo M., Plummer F.A. *et al.* (2011), « The shaping of modern human immune systems by multiregional admixture with archaic humans », *Science*, vol. 334, p. 89-94.

Alcais A., Quintana-Murci L., Thaler D.S., Schurr E., Abel L. et Casanova J.L. (2010), « Life-threatening infectious diseases of childhood: single-gene inborn errors of immunity? », *Annals of the New York Academy of Sciences*, p. 18-33.

Allison A.C. (1954), « Protection afforded by sickle-cell trait against subtertian malareal infection », *British Medical Journal*, vol. 1, p. 290-294.

Auton A., Brooks L.D., Durbin R.M., Garrison E.P., Kang H.M., Korbel J.O., Marchini J.L., McCarthy S., McVean G.A. et Abecasis G.R. (2015), « A global reference for human genetic variation », *Nature*, vol. 526, p. 68-74.

Bach J.F. (2002), « The effect of infections on susceptibility to autoimmune and allergic diseases », *New England Journal of Medicine*, vol. 347, p. 911-920.

Barreiro L.B., Laval G., Quach H., Patin E. et Quintana-Murci L. (2008), « Natural selection has driven population differentiation in modern humans », *Nature Genetics*, vol. 40, p. 340-345.

Barreiro L.B., Ben-Ali M., Quach H., Laval G., Patin E., Pickrell J.K., Bouchier C., Tichit M., Neyrolles O., Gicquel B. *et al.* (2009), « Evolutionary dynamics of human Toll-like receptors and their different contributions to host defense », *PLoS Genetics*, vol. 5, e1000562.

Barreiro L.B. et Quintana-Murci L. (2010), « From evolutionary genetics to human immunology: how selection shapes host defence genes », *Nature Reviews Genetics*, vol. 11, p. 17-30.

Behar D.M., Harmant C., Manry J., van Oven M., Haak W., Martinez-Cruz B., Salaberria J., Oyharcabal B., Bauduer F., Comas D. *et al.* (2012), « The Basque paradigm: genetic evidence of a maternal continuity in the Franco-Cantabrian region since pre-Neolithic times », *American Journal of Human Genetics*, vol. 90, p. 486-493.

Brinkworth J.F. et Barreiro L.B. (2014), « The contribution of natural selection to present-day susceptibility to chronic inflammatory and autoimmune disease », *Current Opinion in Immunology*, vol. 31, p. 66-78.

Cairns J. (1997), *Matters of Life and Death*, Princeton (New Jersey), Princeton University Press.

Casanova J.L. et Abel L. (2005), « Inborn errors of immunity to infection: the rule rather than the exception », *Journal of Experimental Medicine*, vol. 202, p. 197-201.

Casanova J.L., Abel L. et Quintana-Murci L. (2013), « Immunology taught by human genetics », *Cold Spring Harbor Symposia on Quantative Biology*, vol. 78, p. 157-172.

Cavalli-Sforza L.L. (1986), *African Pygmies*, New York, Academic Press.

Dannemann M. et Racimo F. (2018), « Something old, something borrowed: admixture and adaptation in human evolution », *Current Opinion in Genetics & Development*, vol. 53, p. 1-8.

Dermitzakis E.T. (2012), « Cellular genomics for complex traits », *Nature Reviews Genetics*, vol. 13, p. 215-220.

Deschamps M., Laval G., Fagny M., Itan Y., Abel L., Casanova J.L., Patin E., et Quintana-Murci L. (2016), « Genomic signatures of selective pressures and introgression from archaic hominins at human innate immunity genes », *American Journal of Human Genetics*, vol. 98, p. 5-21.

Diamond J. et Bellwood P. (2003), « Farmers and their languages: the first expansions », *Science*, vol. 300, p. 597-603.

Duffy D., Rouilly V., Libri V., Hasan M., Beitz B., David M., Urrutia A., Bisiaux A., Labrie S.T., Dubois A. *et al.* (2014), « Functional analysis *via* standardized whole-blood stimulation systems defines the boundaries of a healthy immune response to complex stimuli », *Immunity*, vol. 40, p. 436-450.

Enard D. et Petrov D.A. (2018), « Evidence that RNA viruses drove adaptive introgression between neanderthals and modern humans », *Cell*, vol. 175, p. 360-371, e313.

Fagny M., Patin E., Enard D., Barreiro L.B., Quintana-Murci L. et Laval G. (2014), « Exploring the occurrence of classic selective sweeps in humans using whole-genome sequencing data sets », *Molecular Biology and Evolution*, vol. 31, p. 1850-1868.

Fagny M., Patin E., MacIsaac J.L., Rotival M., Flutre T., Jones M.J., Siddle K.J., Quach H., Harmant C., McEwen L.M. *et al.* (2015), « The epigenomic landscape of African rainforest hunter-gatherers and farmers », *Nature Communications*, vol. 6, 10047.

Fairfax B.P. et Knight J.C. (2014), « Genetics of gene expression in immunity to infection », *Current Opinion in Immunology*, vol. 30, p. 63-71.

Fan S., Hansen M.E., Lo Y. et Tishkoff S.A. (2016), « Going global by adapting local: a review of recent human adaptation », *Science*, vol. 354, p. 54-59.

Haldane J.B.S. (1949), « Disease and evolution », *Ricerca Scientifica*, vol. 19 (suppl. A), p. 68-76.

Hellenthal G., Busby G.B., Band G., Wilson J.F., Capelli C., Falush D. et Myers S. (2014), « A genetic atlas of human admixture history », *Science*, vol. 343, p. 747-751.

Henn B.M., Botigue L.R., Bustamante C.D., Clark A.G. et Gravel S. (2015), « Estimating the mutation load in human genomes », *Nature Reviews Genetics*, vol. 16, p. 333-343.

Huerta-Sanchez E., Jin X., Asan, Bianba Z., Peter B.M., Vinckenbosch N., Liang Y., Yi X., He M., Somel M. *et al.* (2014), « Altitude adaptation in Tibetans caused by introgression of Denisovan-like DNA », *Nature*, vol. 512, p. 194-197.

Husquin L.T., Rotival M., Fagny M., Quach H., Zidane N., McEwen L.M., MacIsaac J.L., Kobor M.S., Aschard H., Patin E. *et al.* (2018),

« Exploring the genetic basis of human population differences in DNA methylation and their causal impact on immune gene regulation », *Genome Biology*, vol. 19, p. 222.

Jeong C. et Di Rienzo A. (2014), « Adaptations to local environments in modern human populations », *Current Opinion in Genetics & Development*, vol. 29, p. 1-8.

Kimura M. (1968), « Evolutionary rate at the molecular level », *Nature*, vol. 217, p. 624-626.

Laso-Jadart R., Harmant C., Quach H., Zidane N., Tyler-Smith C., Mehdi Q., Ayub Q., Quintana-Murci L. et Patin E. (2017), « The genetic legacy of the Indian Ocean slave trade: recent admixture and post-admixture selection in the Makranis of Pakistan », *American Journal of Human Genetics*, vol. 101, n° 6, p. 977-984.

Laval G., Peyregne S., Zidane N., Harmant C., Renaud F., Patin E., Prugnolle F. et Quintana-Murci L. (2019), « Recent adaptive acquisition by rainforest hunter-gatherers of the late Pleistocene sickle-cell mutation suggests past ecological differences in exposure to Malaria in Africa », *American Journal of Human Genetics*, vol. 104, n° 3, p. 553-561.

Leonardi M., Librado P., Der Sarkissian C., Schubert M., Alfarhan A.H., Alquraishi S.A.,

Al-Rasheid K.A., Gamba C., Willerslev E. et Orlando L. (2017), « Evolutionary patterns and processes: lessons from ancient DNA », *Systematic Biology*, vol. 66, n° 1.

Lohmueller K.E. (2014), « The distribution of deleterious genetic variation in human populations », *Current Opinion in Genetics & Development*, vol. 29, p. 139-146.

Lopez M., Kousathanas A., Quach H., Harmant C., Mouguiama-Daouda P., Hombert J.M., Froment A., Perry G.H., Barreiro L.B., Verdu P. *et al.* (2018), « The demographic history and mutational load of African hunter-gatherers and farmers », *Nature Ecology & Evolution*, vol. 2, p. 721-730.

Lopez M., Choin J., Sikora M., Siddle K., Harmant C., Costa H.A., Silvert M., Mouguiama-Daouda P., Hombert J.M., Froment A. *et al.* (2019), « Genomic evidence for local adaptation of hunter-gatherers to the African rainforest », *Current Biology*, vol. 29, p. 2926-2935, e2924.

Manry J., Laval G., Patin E., Fornarino S., Itan Y., Fumagalli M., Sironi M., Tichit M., Bouchier C., Casanova J.L. *et al.* (2011), « Evolutionary genetic dissection of human interferons », *Journal of Experimental Medicine*, vol. 208, p. 2747-2759.

Nielsen R., Akey J.M., Jakobsson M., Pritchard J.K., Tishkoff S. et Willerslev E. (2017), « Tracing the peopling of the world through genomics », *Nature*, vol. 541, p. 302-310.

Novembre J., Johnson T., Bryc K., Kutalik Z., Boyko A.R., Auton A., Indap A., King K.S., Bergmann S., Nelson M.R. *et al.* (2008), « Genes mirror geography within Europe », *Nature*, vol. 456, p. 98-101.

Novembre J. et Di Rienzo A. (2009), « Spatial patterns of variation due to natural selection in humans », *Nature Reviews Genetics*, vol. 10, p. 745-755.

Patin E., Laval G., Barreiro L.B., Salas A., Semino O., Santachiara-Benerecetti S., Kidd K.K., Kidd J.R., Van der Veen L., Hombert J.M. *et al.* (2009), « Inferring the demographic history of African farmers and pygmy hunter-gatherers using a multilocus resequencing data set », *PLoS Genetics*, vol. 5, e1000448.

Patin E., Siddle K. J., Laval G., Quach H., Harmant C., Becker N., Froment A., Regnault B., Lemee L., Gravel S. *et al.* (2014), « The impact of agricultural emergence on the genetic history of African rainforest hunter-gatherers and agriculturalists », *Nature Communications*, vol. 5, p. 3163.

Patin E., Lopez M., Grollemund R., Verdu P., Harmant C., Quach H., Laval G., Perry G.H., Barreiro L.B., Froment A. *et al.* (2017), « Dispersals and genetic adaptation of Bantu-speaking populations in Africa and North America », *Science*, vol. 356, p. 543-546.

Patin E., Hasan M., Bergstedt J., Rouilly V., Libri V., Urrutia A., Alanio C., Scepanovic P., Hammer C., Jonsson F. *et al.* (2018), « Natural variation in the parameters of innate immune cells is preferentially driven by genetic factors », *Nature Immunology*, vol. 19, p. 302-314.

Patin E. et Quintana-Murci L. (2018), « The demographic and adaptive history of central African hunter-gatherers and farmers », *Current Opinion in Genetics & Development*, vol. 53, p. 90-97.

Phillipson D.W. (1975), « The chronology of the Iron Age in Bantu Africa », *The Journal of African History*, vol. 16, n° 3, p. 321-342.

Piasecka B., Duffy D., Urrutia A., Quach H., Patin E., Posseme C., Bergstedt J., Charbit B., Rouilly V., MacPherson C.R. *et al.* (2018), « Distinctive roles of age, sex, and genetics in shaping transcriptional variation of human immune responses to microbial challenges », *Proceedings of the National Academy of Sciences*, vol. 115, E488-E497.

Quach H., Rotival M., Pothlichet J., Loh Y.E., Dannemann M., Zidane N., Laval G., Patin E., Harmant C., Lopez M. *et al.* (2016), « Genetic adaptation and neandertal admixture shaped the immune system of human populations », *Cell*, vol. 167, p. 643-656, e617.

Quach H. et Quintana-Murci L. (2017), « Living in an adaptive world: genomic dissection of the genus *Homo* and its immune response », *Journal of Experimental Medecine*, vol. 214, p. 877-894.

Quintana-Murci L., Semino O., Bandelt H.J., Passarino G., McElreavey K. et Santachiara-Benerecetti A.S. (1999), « Genetic evidence of an early exit of *Homo sapiens sapiens* from Africa through eastern Africa », *Nature Genetics*, vol. 23, p. 437-441.

Quintana-Murci L., Chaix R., Wells R.S., Behar D.M., Sayar H., Scozzari R., Rengo C., Al-Zahery N., Semino O., Santachiara-Benerecetti A.S. *et al.* (2004), « Where West meets East: the complex mtDNA landscape of the southwest and Central Asian corridor », *American Journal of Human Genetics*, vol. 74, p. 827-845.

Quintana-Murci L. et Clark A.G. (2013), « Population genetic tools for dissecting innate immunity in humans », *Nature Reviews Immunology*, vol. 13, p. 280-293.

Quintana-Murci L. (2016), « Understanding rare and common diseases in the context of human evolution », *Genome Biology*, vol. 17, p. 225.

Quintana-Murci L. (2019), « Human immunology through the lens of evolutionary genetics », *Cell*, vol. 177, p. 184-199.

Racimo F., Sankararaman S., Nielsen R. et Huerta-Sanchez E. (2015), « Evidence for archaic adaptive introgression in humans », *Nature Reviews Genetics*, vol. 16, p. 359-371.

Rotival M., Quach H. et Quintana-Murci L. (2019), « Defining the genetic and evolutionary architecture of alternative splicing in response to infection », *Nature Communications*, vol. 10, p. 1671.

Sankararaman S., Mallick S., Dannemann M., Prufer K., Kelso J., Paabo S., Patterson N. et Reich D. (2014), « The genomic landscape of Neanderthal ancestry in present-day humans », *Nature*, vol. 507, p. 354-357.

Scepanovic P., Hodel F., Mondot S., Partula V., Byrd A., Hammer C., Alanio C., Bergstedt J.,

Patin E., Touvier M. *et al.* (2019), « A comprehensive assessment of demographic, environmental, and host genetic associations with gut microbiome diversity in healthy individuals », *Microbiome*, vol. 7, p. 130.

Siddle K.J., Deschamps M., Tailleux L., Nedelec Y., Pothlichet J., Lugo-Villarino G., Libri V., Gicquel B., Neyrolles O., Laval G. *et al.* (2014), « A genomic portrait of the genetic architecture and regulatory impact of microRNA expression in response to infection », *Genome Research*, vol. 24, p. 850-859.

Siddle K.J. et Quintana-Murci L. (2014), « The Red Queen's long race: human adaptation to pathogen pressure », *Current Opinion in Genetics & Development*, vol. 29, p. 31-38.

Siddle K.J., Tailleux L., Deschamps M., Loh Y.H., Deluen C., Gicquel B., Antoniewski C., Barreiro L.B., Farinelli L. et Quintana-Murci L. (2015), « Bacterial infection drives the expression dynamics of microRNAs and their isomiRs », *PLoS Genetics*, vol. 11, e1005064.

Silvert M., Quintana-Murci L. et Rotival M. (2019), « Impact and evolutionary determinants of Neanderthal introgression on transcriptional and post-transcriptional regulation », *American*

Journal of Human Genetics, vol. 104, p. 1241-1250.

Sirugo G., Williams S.M. et Tishkoff S.A. (2019), « The missing diversity in human genetic studies », *Cell*, vol. 177, p. 26-31.

Skoglund P. et Mathieson I. (2018), « Ancient genomics of modern humans: the first decade », *Annual Review of Genomics and Human Genetics*, vol. 19, p. 381-404.

Smith Z.D. et Meissner A. (2013), « DNA methylation: roles in mammalian development », *Nature Reviews Genetics*, vol. 14, p. 204-220.

Stoneking M. et Krause J. (2011), « Learning about human population history from ancient and modern genomes », *Nature Reviews Genetics*, vol. 12, p. 603-614.

Strachan D.P. (1989), « Hay fever, hygiene, and household size », *British Medical Journal*, vol. 299, p. 1259-1260.

Thomas S., Rouilly V., Patin E., Alanio C., Dubois A., Delval C., Marquier L.G., Fauchoux N., Sayegrih S., Vray M. *et al.* (2015), « The *Milieu intérieur* study – an integrative approach for study of human immunological variance », *Clinical Immunology*, vol. 157, n° 2, p. 277-293.

Tishkoff S.A., Reed F.A., Ranciaro A., Voight B.F., Babbitt C.C., Silverman J.S., Powell K., Mortensen H.M., Hirbo J.B., Osman M. *et al.* (2007), « Convergent adaptation of human lactase persistence in Africa and Europe », *Nature Genetics*, vol. 39, p. 31-40.

Urrutia A., Duffy D., Rouilly V., Posseme C., Djebali R., Illanes G., Libri V., Albaud B., Gentien D., Piasecka B. *et al.* (2016), « Standardized whole-blood transcriptional profiling enables the deconvolution of complex induced immune responses », *Cell Reports*, vol. 16, p. 2777-2791.

Vasseur E., Boniotto M., Patin E., Laval G., Quach H., Manry J., Crouau-Roy B. et Quintana-Murci L. (2012), « The evolutionary landscape of cytosolic microbial sensors in humans », *American Journal of Human Genetics*, vol. 91, p. 27-37.

Vitti J.J., Grossman S.R. et Sabeti P.C. (2013), « Detecting natural selection in genomic data », *Annual Review of Genetics*, vol. 47, p. 97-120.

Les leçons inaugurales du Collège de France

Depuis sa fondation en 1530, le Collège de France a pour principale mission d'enseigner, non des savoirs constitués, mais « le savoir en train de se faire » : la recherche scientifique et intellectuelle elle-même. Les cours y sont ouverts à tous, gratuitement, sans inscription ni délivrance de diplôme.

Conformément à sa devise (*Docet omnia*, « Il enseigne toutes choses »), le Collège de France est organisé en cinquante-deux chaires couvrant un vaste ensemble de disciplines. Les professeurs sont choisis librement par leurs pairs, en fonction de l'évolution des sciences et des connaissances. À l'arrivée de chaque nouveau professeur, une chaire nouvelle est créée qui peut ou bien reprendre, au moins en partie, l'héritage d'une chaire antérieure, ou bien instaurer un enseignement neuf.

Plusieurs chaires thématiques annuelles (Informatique et sciences numériques, Innovation technologique, Santé publique, Mondes francophones) et pluriannuelles permettent également d'accueillir des professeurs invités.

Le premier cours d'un nouveau professeur est sa *leçon inaugurale.*

Solennellement prononcée en présence de ses collègues et d'un large public, elle est pour lui l'occasion de situer ses travaux et son enseignement par rapport à ceux de ses prédécesseurs et aux développements les plus récents de la recherche.

Non seulement les leçons inaugurales dressent un tableau de l'état de nos connaissances et contribuent ainsi à l'histoire de chaque discipline, mais elles nous introduisent, en outre, dans l'atelier du savant et du chercheur. Beaucoup d'entre elles ont constitué, dans leur domaine et en leur temps, des événements marquants, voire retentissants.

Elles s'adressent à un large public éclairé, soucieux de mieux comprendre les évolutions de la science et de la vie intellectuelle contemporaines.

Les leçons inaugurales publiées dans la collection Collège de France / Fayard

Depuis 2003, les Leçons inaugurales du Collège de France sont publiées dans la collection Collège de France / Fayard. Quelques leçons antérieures y ont été également republiées.

164. Serge Haroche
Physique quantique (2001)

165. Jacques Livage
Chimie de la matière condensée (2002)

166. John Scheid
Religions, institutions et société de la Rome antique (2002)

167. Roland Recht
L'objet de l'histoire de l'art (2002)

169. Christine Petit
Génétique et physiologie cellulaire (2002)

170. Édouard Bard
Évolution du climat et de l'océan (2003)

171. Stuart Edelstein
Les mécanismes de la transduction du signal en biologie (2003)

172. Mireille Delmas-Marty
Études juridiques comparatives et internationales du droit (2003)

173. Pierre-Louis Lions
Équations aux dérivées partielles et applications (2003)

174. Jayant Vishnu Narlikar
Faits et spéculations en cosmologie (2003)

175. Michael Edwards
Étude de la création littéraire en langue anglaise (2003)

176. Theodor Berchem
Tradition et progrès. La mission de l'Université (2004)

177. Henry Laurens
Histoire du monde arabe contemporain (2004)

178. Denis Knoepfler
Apports récents des inscriptions grecques à l'histoire de l'Antiquité (2004)

179. Jean-Louis Mandel
Gènes et maladies : les domaines de la génétique humaine (2004)

180. Celâl Şengör
Une autre histoire de la tectonique (2004)

181. Sandro Stringari
L'aventure des gaz ultra-froids : condensation de Bose-Einstein et superfluidité (2005)

182. Gabriele Veneziano
Gravitation, relativité, mécanique quantique : la grande synthèse est-elle proche ? (2005)

183. Christian de Portzamparc
Architecture : figures du monde, figures du temps (2006)

184. Maurice Bloch
L'anthropologie cognitive à l'épreuve du terrain. L'exemple de la théorie de l'esprit (2006)

185. Thomas Pavel
Comment écouter la littérature ? (2006)

186. Stanislas Dehaene
Vers une science de la vie mentale (2006)

187. Jon ELSTER
Raison et raisons (2006)

188. Antoine COMPAGNON
La littérature, pour quoi faire? (2006)

189. Daniele VITALI
Les Celtes d'Italie (2006)

190. Jean-Paul CLOZEL
La biotechnologie : de la science au médicament (2007)

191. Pascal DUSAPIN
Composer. Musique, paradoxe, flux (2007)

192. Guy ORBAN
La vision, mission du cerveau. Les trois révolutions des neurosciences cognitives (2007)

193. Michel DEVORET
De l'atome aux machines quantiques (2007)

194. Alain PROCHIANTZ
Géométries du vivant (2007)

195. Roger CHARTIER
Écouter les morts avec les yeux (2007)

197. Gérard BERRY
Pourquoi et comment le monde devient numérique (2008)

198. Pierre MAGISTRETTI
La neuroénergétique : de la synapse à l'image (2008)

199. Michel BRUNET
Origine et histoire des hominidés. Nouveaux paradigmes (2008)

200. Philippe SANSONETTI
Des microbes et des hommes. Guerre et paix aux surfaces muqueuses (2008)

201. Anne Cheng
La Chine pense-t-elle? (2008)

202. Esther Duflo
Expérience, science et lutte contre la pauvreté (2009)

203. Pierre-Laurent Aimard
Rôle et responsabilités de l'interprète aujourd'hui (2009)

204. Mathias Fink
Renversement du temps, ondes et innovation (2009)

205. Henri Leridon
De la croissance zéro au développement durable (2009)

206. Thomas Römer
Les Cornes de Moïse. Faire entrer la Bible dans l'histoire (2009)

207. Marc Fontecave
Chimie des processus biologiques : une introduction (2009)

208. Gérard Berry
Penser, modéliser et maîtriser le calcul informatique (2009)

209. Antoine Georges
De l'atome au matériau. Les phénomènes quantiques collectifs (2009)

210. Peter Piot
L'épidémie du sida. Mondialisation des risques, transformations de la santé publique et développement (2010)

211. Patrick Couvreur
Les nanotechnologies peuvent-elles contribuer à traiter des maladies sévères? (2010)

212. Nicholas Stern
Gérer les changements climatiques. Climat, croissance, développement et équité (2010)

213. Jacques Nichet
Le théâtre n'existe pas (2010)

214. Ismail Serageldin
Mobiliser le savoir pour éradiquer la faim (2010)

215. Anselm Kiefer
L'art survivra à ses ruines (2010)

216. Jean-Marie Tarascon
L'énergie : stockage électrochimique et développement durable (2010)

217. Elias Zerhouni
Les grandes tendances de l'innovation biomédicale au XXIe siècle (2011)

218. Clément Sanchez
Chimie des matériaux hybrides (2011)

219. Martin Abadi
La sécurité informatique (2011)

220. Claudine Tiercelin
La connaissance métaphysique (2011)

221. Barbara Romanowicz
Physique de l'intérieur de la Terre (2011)

222. Gilles Clément
Jardins, paysage et génie naturel (2011)

223. Paul Colonna
Le carbone renouvelable dans les systèmes alimentaires, énergétiques et chimiques (2011)

224. Jean-Paul Laumond
La robotique : une récidive d'Héphaïstos (2012)

225. Jean-Noël ROBERT
La hiéroglossie japonaise (2012)

226. Serge ABITEBOUL
Sciences des données : de la logique du premier ordre à la Toile (2012)

227. Manuela CARNEIRO DA CUNHA
Savoirs autochtones : quelle nature, quels apports? (2012)

228. Jean-Pierre BRUN
Techniques et économies de la Méditerranée antique (2012)

229. Bernard CHAZELLE
L'algorithmique et les sciences (2012)

230. Karol BEFFA
Comment parler de musique? (2012)

231. Alain SUPIOT
Grandeur et misère de l'État social (2012)

232. Edith HEARD
Épigénétique et mémoire cellulaire (2012)

233. Yves BRÉCHET
La science des matériaux : du matériau de rencontre au matériau sur mesure (2013)

234. Dominique KEROUEDAN
Géopolitique de la santé mondiale (2013)

235. Anny CAZENAVE
La Terre et l'environnement observés depuis l'espace (2013)

236. Gérard BERRY
L'informatique du temps et des événements (2013)

237. Jean DALIBARD
Atomes et rayonnement (2013)

238. Tony Cragg
Sculpture et langage (2013)

239. Frantz Grenet
Recentrer l'Asie centrale (2013)

240. Sanjay Subrahmanyam
Aux origines de l'histoire globale (2013)

241. Gilles Bœuf
La biodiversité, de l'océan à la cité (2013)

242. Pierre-Michel Menger
La différence, la concurrence et la disproportion. Sociologie du travail créateur (2014)

243. Jean-Marie Tarascon
Chimie du solide et énergie. Exemples et avenir d'une science millénaire (2014)

244. Alain de Libera
Où va la philosophie médiévale? (2014)

245. Philippe Walter
Sur la palette de l'artiste. La physico-chimie dans la création artistique (2014)

246. François Bourguignon
Pauvreté et développement dans un monde globalisé (2014)

247. Nicolas Ayache
Des images médicales au patient numérique (2014)

248. Alain Fischer
Médecine expérimentale (2014)

249. Dominique Charpin
Comment peut-on être assyriologue? (2014)

250. Bernard Meunier
Innovations thérapeutiques : tendances et évolution (2014)

251. Françoise Combes
La matière noire dans l'Univers (2014)

252. Hugues de Thé
L'oncologie : de l'empirisme à la biologie intégrée (2015)

253. Georges Calas
Les ressources minérales, enjeu majeur du développement durable (2015)

254. Marie-Paule Cani
Façonner l'imaginaire. De la création numérique 3D aux mondes virtuels animés (2015)

255. François Déroche
La voix et le calame. Les chemins de la canonisation du Coran (2015)

256. Philippe Aghion
Repenser la croissance économique (2015)

257. Thomas Sterner
Les instruments de la politique environnementale (2015)

258. Bernard Derrida
Physique statistique. La flèche du temps et le hasard (2015)

259. Patrick Boucheron
Ce que peut l'histoire (2015)

260. Jean-Luc Fournet
Ces lambeaux, gardiens de la mémoire des hommes. Papyrus et culture de l'Antiquité tardive (2016)

261. José-Alain Sahel
Rapprocher les regards. Autour de la restauration visuelle (2016)

263. Alain Mabanckou
Lettres noires : des ténèbres à la lumière (2016)

264. Claire VOISIN
Topologie des variétés algébriques complexes (2016)

265. Jean-Louis COHEN
Architecture, modernité, modernisation (2014)

266. Jean-Jacques HUBLIN
Biologie de la culture. Paléoanthropologie du genre Homo (2014)

267. Philippe MANOURY
L'invention de la musique (2017)

268. Didier ROUX
Découvertes, inventions et innovations (2017)

269. Jean-Daniel BOISSONNAT
Géométrie algorithmique : des données géométriques à la géométrie des données (2017)

270. Bénédicte SAVOY
Objets du désir, désir d'objets (2017)

271. Alain WIJFFELS
Le droit européen a-t-il une histoire? En a-t-il besoin? (2017)

272. Thomas LECUIT
Dynamiques du vivant (2017)

273. Claire MATHIEU
L'algorithmique (2017)

274. Vinciane PIRENNE-DELFORGE
Religion, histoire et société dans le monde grec antique (2017)

275. Edhem ELDEM
L'Empire ottoman et la Turquie face à l'Occident (2017)

276. Stéphane MALLAT
Sciences des données et apprentissage en grande dimension (2018)

277. Victor STOICHITA
Les Fileuses de Velázquez. Textes, textures, images (2018)

278. Denis DUBOULE
Le génome et ses embryons (2018)

279. François HÉRAN
Migrations et sociétés (2018)

280. Thomas EBBESEN
L'alchimie du vide. Interactions lumière-matière en chimie physique (2018)

281. Molly PRZEWORSKI
Origines évolutives des variations génétiques (2018)

282. Amos GITAÏ
La caméra est une sorte de fétiche. Filmer au Moyen-Orient (2018)

283. Rachid GUERRAOUI
Algorithmique répartie. À la recherche de l'universalité perdue (2018)

284. Xavier LEROY
Le logiciel, entre l'esprit et la matière (2018)

285. Lucrezia REICHLIN
La Banque centrale européenne et la crise de l'euro (2018)

286. Dario MANTOVANI
Droit, culture et société de la Rome antique (2019)

287. Jean-François JOANNY
Physique de la matière molle : une approche des systèmes biologiques (2019)